我的怡居主义

魅力新中式

每件中式家具就像一首经典的老歌
每一个流动的音符中都蕴涵着深深的韵味
只有细细品味，才能悟出一些哲理
飞檐斗栱、红柱青瓦、精雕细刻、古色古香，古典韵味弥漫其中
地道的中式风格，从空间形制开始
空间气质的凸显在布局的方法上体现

Charm of New Chinese Style

深圳市创扬文化传播有限公司 策划
徐宾宾 主编

中国建筑工业出版社

图书在版编目（CIP）数据

魅力新中式 / 徐宾宾 主编.
北京：中国建筑工业出版社，2011.12
（我的怡居主义）
ISBN 978-7-112-13718-3

Ⅰ. ①魅… Ⅱ. ①徐… Ⅲ. ①室内装饰设计—图集
Ⅳ. ①TU238-64

中国版本图书馆CIP数据核字(2011)第224554号

责任编辑：费海玲
责任校对：姜小莲 王雪竹

我的怡居主义
魅力新中式

深圳市创扬文化传播有限公司　策划
徐宾宾 主编
*
中国建筑工业出版社出版、发行（北京西郊百万庄）
各地新华书店、建筑书店经销
北京方嘉彩色印刷有限责任公司印刷
*
开本：880×1230毫米　1/16　印张：6　字数:124千字
2012年2月第一版　2012年2月第一次印刷
定价：**28.00**元
ISBN 978-7-112-13718-3
(21512)

目录

04 舒适宜居苑
08 玩转古典蕴
10 古色古香
12 春风渐浓 雅韵悠悠
14 中国印象
18 桂香翠沁
22 记忆深处
26 田园邂逅
28 美庐锦园
32 秦淮绿洲
34 穿越时空的追随
38 山水中的家园
40 设计师之家
42 雅致随想曲
46 白色梦幻天堂
50 正祥香槟风范
52 一花一世界
56 随心有意
60 翡翠绿洲
62 别样中式情

Shu Shi Yi Ju Yuan

舒适宜居苑

设 计 师：王文亚
设计单位：异国设计
建筑面积：82.5m²
主要材料：橡木地板、柚木、文化石

在这个为建设公司布置的样品屋中，精心地规划了各种有风格、特色的二、三、四房，为前往购屋的业主们提供了更多更丰富的选择。在这个三房的案例中，考虑三房的家庭成员多为小家庭，其经济能力有限，但又期盼给自己一个身心放松的环境。因此，以现代休闲为主旨，赋予空间与人文一个舒适的呼吸窗口，为其打造一个简雅宜人的温馨家园。

素材的互相搭配在本案中是项很重要的课题，空间主体大多选用色泽温润的柚木，构筑出整室舒适大方的主题意念，而在不同的区域中再适度地置入不同元素，让空间在舒适之余，也拥有了每个不同区域中特有的感受。

因空间有限，以开放、穿透的方式，营造空间感。隐私要求较低的书房，即透过木格栅来保持视觉的通透，木质质感也为书房增添了宁静的气息。在空间中常见通透素材与明镜的运用，使空间感更为轻盈。大面的落地窗引进良好采光，客厅与餐厅透明玻璃与镜面的使用，光线得以穿透至餐厅，形成反射效果，更加明亮清透。

外在美感与质感实现之后，要长久维持，在设计时收纳空间的需求便必须一并计算。在本案空间中，不论是客厅、餐厅、卧房区等，设计师均为其细致规划，让业主可以完整、轻松地收纳居家物品，设计的思虑细密而周详。

【门厅】

实际上该案例的门厅区域并不是特别的明显，对于众多家庭来说，门厅的作用并不是那么重要，同时往往伴随着经济实力的不同，在空间中会呈现出不同的门厅感受。本案门厅因空间大小有限，无法独立界定出门厅区，因此除了门厅收纳柜外，设计师还在柜子的上方贴上壁贴，形成一处独立端景。壁画的作用无疑加强了空间的中式感受。审美的需求对于每个人来说都是生活品质的象征，将这种需求通过一个具象表达出来，也就是将美从视觉上呈现出来，美感随之应运而生。

【客厅】

客厅中的活动区是方形区块，而在顶棚上则改以圆弧吊顶铺排，形成有趣的方圆交错，增添空间变化。在客厅中，选择具有中式风格的木质家具以及灰白色的沙发，沙发自由组合成规矩的方形，折线区域内摆放着茶几，黑漆茶几与周围的灰白色搭配得很和谐。客厅的视线迎合了其他空间区域，隔断的作用实际上也是将这样的视觉效果展现得更加的完美。整体上凸显出中式的风格，但又不缺少现代的元素，客厅在这两种元素中交错，产生别样的空间感受。

【书房】

在很多的中式作品中，书房往往是重点对象，书房中将会呈现众多的中式元素，这些中式元素也只有在书房中才能得到有效的体现，而在别的区域则会显得有点突兀。事实上，传统的中式书房也正在慢慢发生着改变。在有限的书房空间中，以开放的手法放大书房印象，由外而内摆设书桌、低台及休息区，善用梁下难以运用的空间作书柜、衣柜，使此空间发挥多种机能。

【卧房】

卧房中，以温馨为主、华丽为次作基调，重视的是在疲累了一天之后能舒适的歇息。将空间的基本设施建构在美学基础之上，统一整合素材与设计元素，拿捏整体氛围，用灯光烘托让空间质美兼具，流露出连绵的空间律动感。温暖柔和的灯光、干净舒适的白色床单、深红的枕头以及床头墙上的镜框画……不同元素的组合，让空间的特点在不同的层面上体现出来，每种空间的特点都将在不同人的心理上得到一种全新的体验，从而找到自己在空间中的定位。

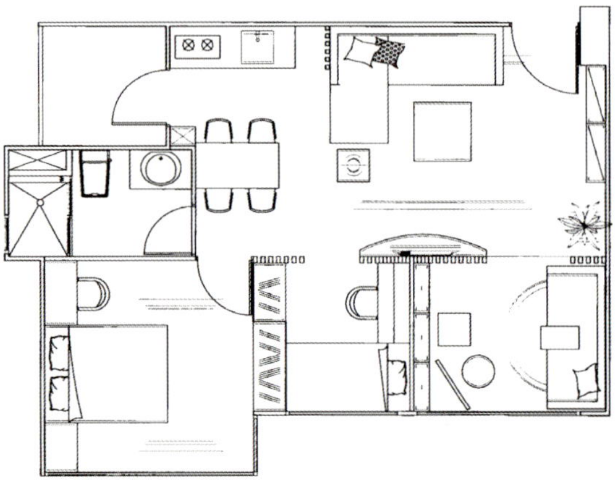

【浴室】

美感的营造是属于感性的部分，但是空间设计的过程，除了美的表现外，更重要的是空间机能的分配与运用，像动线、采光、空间感等，而这得靠与业主的沟通，仔细分析整个空间结构，甚至研究人体工学。浴室紧邻主卧，为生活提供了方便，这样也使得浴室更加具有私密性。浴室采用了现代元素与中式元素的结合，浴缸上的绿色盆景，有效地营造了浴室的清新风格，同时，洗浴台的实木制造也使得这种风格得到了更加浓郁的体现。

Wan Zhuan Gu Dian Yun

玩转古典蕴

设 计 师：王文亚
设计单位：异国设计
建筑面积：181.5m²
主要材料：云竹、墨竹、雕刻板

新中式风格的特色主要体现在家具布置上更加灵活随意，颜色一般都较深，让书卷味显得浓厚，而且要求原始功能在现代生活中不断演变，在形式的原有基础上进行舒适化改造，比如把中国古典的细腻情调搬到厅堂中，将中式架子床改小充当沙发，餐厅里摆上中式小餐桌和高凳，不占空间又别有韵味；画案书案，如今可以为餐桌使用。要把握好新中式风格的设计，与设计者本身的文化修养和设计功底是密不可分的，不仅需要多方面的知识累积，更需要对中国传统文化有着深刻的认识。

本案在色彩上延续了中式的色调，灰白等暗色调处处可见，但是又至于显得沉闷，在这样的色调基础上进行升级，配合运用了具有现代感的灯饰，通过灯饰将空间色调进行了提升。

对于功能区，设计师很好地将舒适度提到了首位，在每一个功能区，业主都可以很好地体验到简单舒适的感觉。

【餐厅】

餐厅空间开阔自然，业主始终在追求空间的无拘无束感，这在其他区域得到了体现，在餐厅也不例外。可以看到在一张不大的就餐桌周围，呈现的是宽敞明亮的空白区域。业主没有要求在这些空白区域添加太多的装饰陈设，而是力求通过这样的方式让空间得到真正的释放，也让身心得到真正的释放。餐桌和椅子采用了经典黑色，这与周围的灰白色调极好的相称，而这也正是中式的经典色彩。皮革的椅子和模质的餐桌，与顶棚上的水晶吊灯，共同打造出一个美轮美奂的视觉环境。

【卧房】

色调以淡的粉红色和灰色为主，灰色延续了客厅等其他区域的色彩，使得整体上保持了一致，粉红色调装扮让空间增添了几分温馨浪漫的情愫。作为卧室，其基本功能就是适合休息，人们对卧室的重视也取决于人们对身心放松环境的重视，适合身心放松的才是好的环境。因而，卧室的设计放弃了繁复的欧式设计，而选择了中式和现代的融合，这种新中式的设计手法更容易让人的身心得到良好的放松。卧室新主张，从人们对生活品质的要求提高开始。

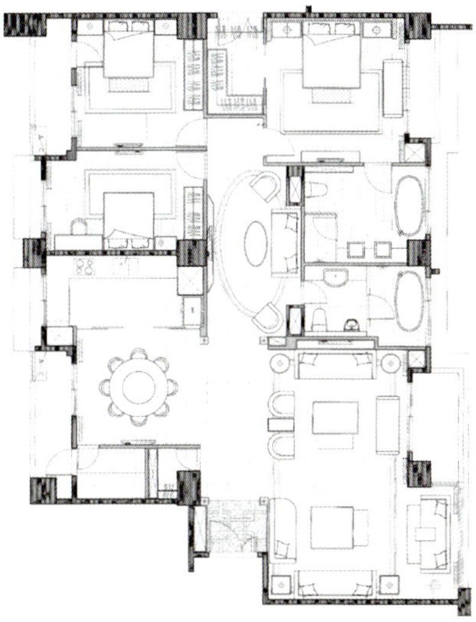

【客厅】

客厅宽敞而明亮，大大的落地窗可以看到户外开阔的景致，这给业主提供了很好的视觉享受。灰色的沙发和地毯是典型的中式色调。米黄色的茶几位居吊灯中间，灯光将茶几照耀得更加的夺目。墙体用模板打造，使得空间变得更加的轻盈简约。矩形的客厅宽敞而明亮，光线处理得非常舒服，同时，各种不同的色彩在这里得到体现，绿色的植物在窗边，安静地享受着自然的阳光。客厅的功能在这里被放大，业主在这里可以和家人度过一段愉快的休闲时光，或者欣赏窗外的景致，或者学习娱乐。

【浴室】

临窗的景致，开阔的视野，躺在浴缸中可以自由感受空间的自由，身心在这种时刻可以得到最大的放松。同时，浴室的设计也很好地配合了这一点。光线处理得较为柔和，整体的装饰也采用了显得干净明媚的米白色。这样一来，浴室就如同一处干净圣洁的天地，这也符合业主对浴室的视觉要求。另外，该浴室的空间面积很大，浴室的功能得以延伸。

Gu Se Gu Xiang

古色古香

设 计 师：林煜毅
设计单位：汕头亚太嘉毅设计有限公司
建筑面积：$180m^2$
主要材料：法国木纹石板、红橡饰板、黑玻璃、喷花玻璃、墙纸、乳胶漆

中式风格的构成主要体现在传统家具（多以明清风格为主）、装饰品，及黑、红为主的装饰色彩上，室内格调高雅，造型简朴优美，色彩浓重成熟。中式的家居中也常常用到沙发，但颜色仍然体现出古朴，使整个空间于传统中透着现代，现代中糅合着古典。

现今的中式设计已然发生了很大变化，把中式元素重新进行理解阐释是未来的主流，在大力提倡以人为本的设计主旨下，原有的界限风格已经打破。此案最大的特点是模糊了元素带来的直观印象，在似是而非的元素中添加时代气息，设计师将东南亚元素巧妙地融入其中，营造起了一番格调与风情，给中式设计注入一种不同以往的全新诠释。

空间的感受在中式之外融合进现代理念，使得空间魅力呈现出缤纷的色彩。

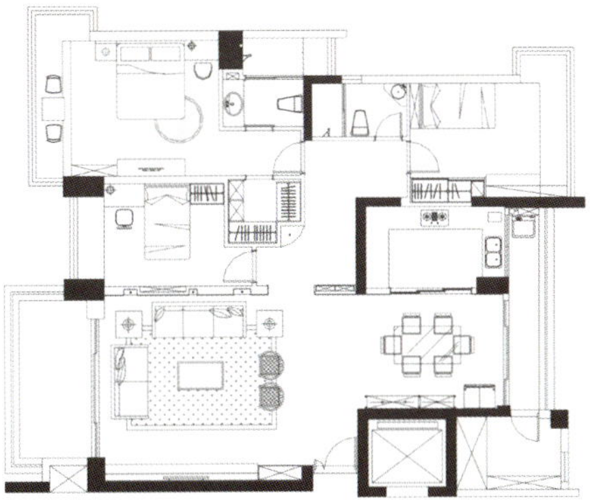

【客厅】

客厅提供的是一处用来和朋友亲人交流的场所，这样的空间要求尽量达到更多人的审美和心理需求。但是设计师不可能对每个到此的人都有足够的了解，因而设计师在设计之初所要做的工作就是首先对业主有足够的了解，然后从个体上延伸开来。客厅里保留了大多数的中式元素，如漆木的桌椅，墙壁格柜里的茶具，以及玻璃上的花纹，这些中国传统元素所营造的是一个安逸的和谐的环境。但是，在这样浓郁的中式风格之中，我们也可以看到一些现代的元素。灯饰、玻璃酒杯、窗帘……这种新中式的风格满足了不同群体的共同需求。

【卧室】

灯具的选择在中式里极为讲究，然而就此案例来说，是在传统中式上的创新。一般意义上，中式空间的光线要求柔和，多采用烛光照明，对于新中式，可以搭配简单的现代灯饰，以便达到现代与中式的完美融合。该卧室的白色顶棚以及灰色的墙面，整体搭配上很和谐，没有突兀的感觉，在这种基础上，选择实木的暖色地板，空间的情调在色彩上得到了体现。在整体设计时注意到了业主的喜好，因而对于整体色彩的把握很到位，以及床单，枕头的选择，都是考虑在内的。中式的传统色彩与现代的色调相结合，产生不凡的效果。

Chun Feng Jian Nong Ya Yun You You

春风渐浓 雅韵悠悠

设 计 师：艾木
设计公司：上海集采堂设计
建筑面积：130m²
主要材料：实木复合地板、白橡木饰面、乳胶漆、墙纸

不知不觉间，中式风格受到越来越多的年轻人的喜爱。在这套作品里，在现代的简约风格中融入了一些中式元素，打造出一个既有东方禅韵，又合乎现代都市生活节奏的简约风格的空间。电视背景墙为专业画家手绘而成，客厅、餐厅的家具都是为这个空间而设计定制的。

在该空间中，色彩自然和谐，深浅色彩互相搭配，体现出了中式空间的沉稳与内敛。而在这种沉稳与内敛之外，还可以体会到一些活泼的个性鲜明的色彩以及空间视觉效果。空间的感受因人而异，但是对于大多数人来说，一处简单舒适的空间的基本要素是不可或缺的，这些基本元素也正是从业主内心中的需求而得来的。

中式风格正在受到越来越多的人的喜爱，有些设计师喜欢在中式风格的基础上添加一些现代的元素或者采用现代的手法来做中式的空间，更多的人开始接受这种富有个性的生活空间。

于是，辟一方清静的小天地，一点禅韵，一点闲适，远离都市的浮华与躁动。家，一个停靠和眷恋的地方。

【客厅】

客厅一直所秉承的就是简洁与自然，实际上，与传统中式风格不同，这里更多地体现的是现代的设计理念，将繁复的空间进行简化，从而达到一种清新自然的风格。但是，中式的元素并不会消失，而是通过另一种方式呈现出来，这种呈现方式也区别于传统的中式风格。比如，电视墙上的彩绘由是画家亲自手绘完成，自然风味十足，嫩绿的绘画作品将整个洁白的墙壁进入到了一种自然的意境之中，洁白的墙壁在绿色的草地的衬托下仿佛成了天空。繁复的空间被缩减了，但是空间的功能依然保留。

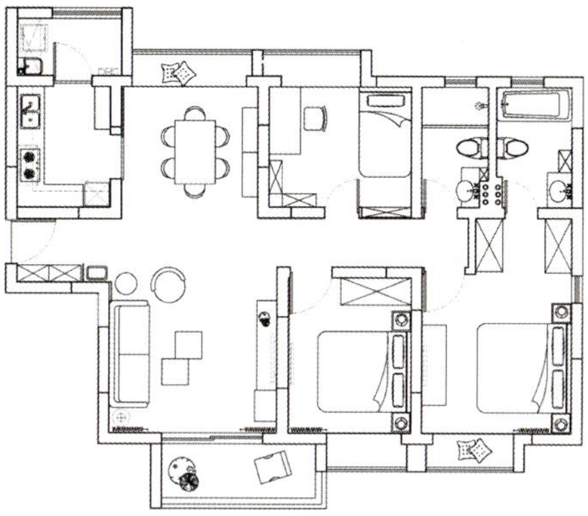

【书房】

书房的设计为很多文人墨客所重视，他们会将自己喜好的文字书法作品呈现出来，这种传统中国风韵的书房设计被很多人竞相效仿，但在该空间中，书房是一个纯粹学习和休闲的场所，更多的装饰功能被取消了，呈现出来的是一种更加简洁同时也更加自由随意的空间。实木的地板，白色的书柜，多处格子陈列不同的物品，书房的一切陈列皆根据业主的个人喜好及个性来制定。

【卧室】

事实上，卧室里更多体现出来的还是现代的元素和理念，床头墙上的黑色圆形图案，带来后现代的空间感受，富有浓郁的思维色彩。家具的选择是中式风格的一个重要的方面，传统中式风格的空间，大多会装饰具有浓郁中式风格的木质桌椅。中式风格的韵味在不经意间得到了呈现，特别是在这种现代风格浓烈的空间中，点缀的中式元素无疑会成为空间的一大亮点。灯光依旧秉承了传统的中式的理念，柔和与温暖的光线，营造出一个极佳的睡眠环境。

Zhong Guo Yin Xiang

中国印象

设 计 师：史鸿伟
设计单位：广州共生形态设计组
项目面积：150m²
主要材料：米黄石、玻璃、墙纸

该案的空间功能区众多，包括老人房、主人房、儿童房、厨房、餐厅、客厅、书房、视听室、健身室、花园等，众多功能区密布，对于设计师来说很好地协调各个功能区成为一个难点。不过，在最初的建筑形态上就已经为功能区的设计打下了良好的硬件基础。

设计的灵感源自对禅文化特色的现代诠释，通过不同材质及空间布局的应用。营造出居家的宁静。设计中色调的巧妙搭配，与一些极具代表性的东方文化特征的元素完美结合。既传达出对东方文化的尊重，又散发出一种现代时尚的优雅气息。

进入客厅，实木雕刻的乾隆抄写的《心经》成为客厅关注的焦点，大量天然的材质以及传统花格窗现代处理，为客厅增添了几分趣味。"花格窗"、“栓马柱”的运用让观者与居者产生出对远古的追思。

“和、静、清、美”是设计师想要营造的意境。

【客厅】

从门口入内，左侧便是宽敞的客厅，客厅里陈列的家居饰品众多，各种格调的都有，最引人注目的算是客厅中间墙壁上乾隆皇帝的书法作品《心经》，劲道的书法艺术作品为空间增添了不少的情趣。客厅里陈列的众多沙发、椅子，形态上都首先达到了很好的视觉效果，色彩的运用，除了传统的黑白灰三色，设计师还运用颜色艳丽的红色等色彩，以便让空间在整体上显得更加的灵活与生动。黑色白色与红色，绝对的视觉享受。

【餐厅】

餐厅与客厅是连通的，为就餐提供了方便，同时也与厨房紧邻，这让几个功能区很好地协调在了一起。餐厅的设计体现了设计的精心程度。木质顶棚上紧贴的中国传统水彩画成为进餐时的一道亮丽的风景。这些中式元素通过另一个层面体现出来，而眼睛直接看到的是现代元素。现代的灯饰效果很明显，整个餐厅都萦绕在这灯光之下。人置身其中仿佛带来绝对的心灵静谧享受。

PAUL
3

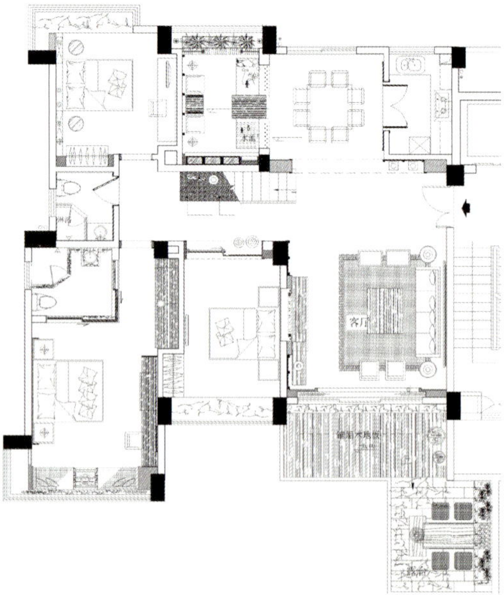

【主人房】

色彩明暗结合，营造了良好的睡眠环境。在这样的环境基础上，更多地运用了光和色彩，避免了过于现代感的色彩，选取红色以及黑白灰等传统的中国基本空间色彩。该空间的细节处理具有生命感，从简单的床头墙的饰品设计到整体家居的设计，都在营造这种暗涌的生命感。中式家具在空间中将这种生命感进一步提升。每一件中式家具都是一首经典的老歌，在流动的音乐中蕴含着悠长的韵味，只有细细品味，才能悟出其中的韵律。但如果材质、线条搭配不到位，很容易适得其反。在切合居住要求的前提下，选择恰当的中国元素，更能让居室散发古雅而清新的魅力。

【儿童房】

儿童房在这里分为男孩房和女孩房。女孩房，将儿童的巨幅摄影作品为床头墙的墙画，可以凸显空间的独特属性。富有情绪的卡通形象增添了空间的情趣。张扬的个性和温暖的感受直接体现在视觉上，达到一种近乎精致的程度。男孩房，充分考虑了男孩子的内心需求，将孩子的兴趣爱好运用到设计之中，产生立竿见影的效果。现代的设计手法很明显，众多的现代元素也是孩子们所乐于接受的元素，而将中式元素进行了细化与拆分，使其看起来不是那么明显。

Gui Xiang Cui Qin

桂香翠沁

设 计 师：连君曼
设计单位：云想衣裳室内设计工作室
建筑面积：90m²
主要材料：仿古砖，文化石，水曲柳面板，老榆木，水泥漆，玻璃

中式的风格，古朴简洁的设计，木质的桌椅，这一切都有关中国的传统文化。开放式的客厅，通过走廊通向各个房间，让人有一种神秘深邃的感觉。绿漆的木质门让人感觉到一种新生的力量。主人房的设计浪漫温馨，绣着精美花纹的抱枕，让人爱不释手。

设计的过程中一直在寻求一种平衡感，传统与现代的融合和交汇，在不断的尝试中突破然后形成。个人体验也在这样的突破和融合中和空间达成一致。

业主所需要的是一种新的生活体验，希望借助中式的元素和现代的元素来让生活环境变得更加的自然清新和简单，而不被现代快节奏的生活所拖累。

【阳台】

阳光通过轻薄的云层投射进这里，绿色的叶子感受着阳光的亲吻，将自然的气息带入到这里，使空间拥有了无与伦比的生命感。特别是周围石头的堆砌，更是将这种感受推到了极致。石头墙的构造新颖独特，田园风情体现了出来。看得出来业主是一位讲究生活情调的人，特别是对花草的喜爱和对自然的眷恋，让业主对空间的要求显得另类而别致。设计师在此基础上寻找多种途径，希望能够表达出这种心理的需求，最终选择了这样返璞归真的设计手法。在设计师的眼中，这种返璞归真属于对中式风格的另类诠释。同时，不可忽视其中的现代元素的装点。

【客厅】

光线效果极好，中式传统古朴的系列家具，仿佛是祖祖辈辈传承下来的。对于这样的家具选择，设计师和业主达成了一致，这也符合业主的年龄和身份，对于过于现代的生活空间，业主无法获得很好的心灵体验。而唯独根据自己的年龄以及个人爱好来量身制定，空间才会有情感，业主也才会对空间产生好感。整体上，客厅依旧保留了很多传统客厅的功能，会客休闲聊天在这里可以很好地进行。和友人喝一杯茶，谈谈彼此的心情，不失为一种很好的放松方式。

【厨房】

绿漆木门窗的古典和厨房里的现代感充分融合在一起，使得整体上的空间氛围得到提升，绿色门窗也带来了很好的视觉效果。在这样的视觉效果下，厨房的作用得到进一步延伸，业主可以在这里做一顿丰盛的午餐或者晚餐，同时可以感受家的浓郁气息。这是业主最初所期望的。对于传统的元素，业主一直比较钟情，因而，厨房依旧保留了更多的中式元素，如在厨房摆放一株盆景，将中式厅堂的设计理念带入到厨房之中，在这里进行了新的融合交汇。现代的水龙头等设施又使得空间的视觉体验进一步提升，伴随生活品质的提升。

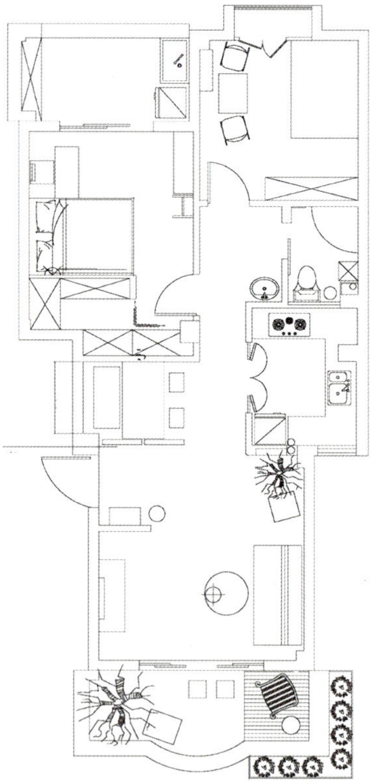

【卧室】

典型中式元素的运用，黄色的实木地板和系列家具，甚至是空间中的盆景，不同中式元素碰撞在一起，如同走进花园之中。各色的花朵才成就了花园的缤纷多彩，单一的花朵色彩无法让花园看上去更加的艳丽。卧室里的书柜，承担了多种功能，既是书柜，也是简易物品陈列柜，就像多功能的储物柜一样。杜鹃花盛开在床边的桌子上，将空间装点得分外浪漫。当映山红遇到厚重的实木桌子，凡高浓烈色彩的艺术绘画便呈现在眼前，花朵的姿态配合着桌子的古朴厚实，将空间的整体气息提升了一个高度。这也是设计师对小空间运用大设计的手法。材质的选择和个别物品的搭配亦十分得体。

Ji Yi Shen Chu

记忆深处

设 计 师：刘宝达
设计单位：新筑室内设计事务所
建筑面积：120m
主要材料：仿古地砖、实木地板、原木

本设计在设计之前对业主的生活需求以及对业主的阅历做了充分的了解，业主是位喜欢到各地旅游的一个驴友，基本每年都要到世界各地，或者国内各地旅游，对于各个地方的风土人情都有些研究，对于装修风格来说并没有要做特定的格调，只是对于中式有些简单的偏好。现代风格抽象，线条明晰、颜色夺目；欧式风格奢华雍容；地中海风格处处充满阳光、沙滩、碧海、云天，轻松惬意、无忧无虑；田园风格的绿色和木质品；传统中式风格文化底蕴深厚。东方文化有着阴柔、西方文化有着张扬的特性，古代风格过于稳重严肃，现代文化过于明快跳跃，如果能让它们开合有序、动静相宜、张弛有道，让古典与现代有机结合、东西方文化和谐交融，那么彼此渗透互补调和时所形成的平衡统一就能产生一种美妙的审美愉悦。因此，在设计的时候运用了多种的设计元素来搭配，主要以中式窗花为主，结合现代的沙发、欧式的吊灯、田园味道的墙纸，并且运用著名画家达利的杰作《记忆》来装饰沙发的背景墙，虽然整体上运用了多种设计元素，但是整体还是比较协调大方，风格清新，自然。大美无形，融合一切美的元素，让家成为心灵休憩的港湾。

【客厅】

本案空间整体上摆脱了传统中式的严肃感和稳重感，也没有现代的张扬和个性。呈现在眼前的是融合了中式典雅和现代明快的风格特质。就客厅的设计而言，选择了传统的实木家具系列，目的是呈现清新自然的视觉享受。业主是一位爱好旅游的人，每年都会在世界各地旅游一次，对于喜好旅游的驴友来说，自然是最真实、最动人的，因而在空间设计上也尽量满足业主的这种个性需求。在客厅中随意摆放的绿色盆景植物，给空间增添了明亮的生命的气息，黄色的家具则散发着温暖的气息。白色的沙发抱枕富有现代明快的气质，两者相互融合在一起，空间的质感直入心灵。

【餐厅和厨房】

餐厅和厨房一体，简易的餐厅厨房也出于业主家庭的考虑。一个小家庭，不需要过于繁杂的餐厅和厨房。尽量简约，使得空间得到合理利用。餐桌同样选用了暖黄色的实木家具，桌子一旁摆放上鲜花，情趣盎然。同时，餐桌上方的水晶吊灯，为空间带来了现代的气息。中式元素和现代元素在这里完美地结合在一起，甚至产生了一些新的无法界定的元素在其中，比如鲜花。鲜花就像是介于两者之间的纽带，很好地粘合了不同风格的元素。业主很注重自然的气息，在餐桌上摆放了鲜花，洗碗台上也同样摆放了一株绿色的盆景。

【书房】

书房围绕着书柜和书桌进行设计，可以看出。这里并不是一个独属于某个家庭成员的书房，从书柜上的书可以看出，这里是不同成员公用的书房。这让书房的设计有了一定的难度，设计师要根据不同家庭成员的特征来设计一个尽量满足大多数人的书房。在吸收传统书房优点的基础上，现代简约的设计理念在这里也得到体现。书写台的高度考虑到了儿童的学习特点，将椅子调高。如此一来即使是大人看书学习也不会受到太多的影响，而更重要的是，业主的阅读习惯并不在这里阅读书籍。

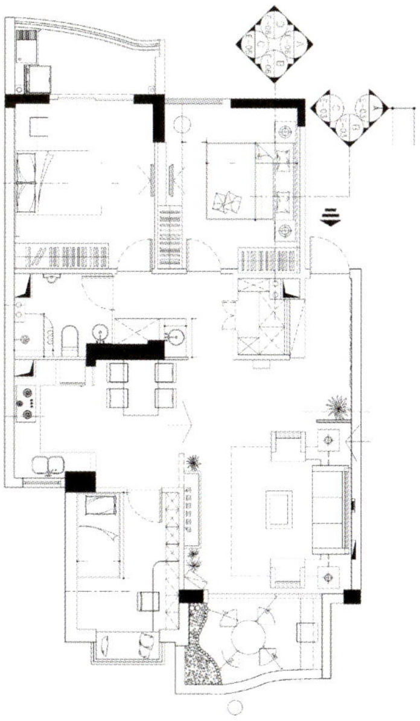

【卧室】

卧室采用简洁的线条，在简洁线条的轮廓上进行元素的添加，使空间显得饱满起来。业主并非是一位时尚达人，所以可以看到在其卧室中也是保留了大部分的中式元素，床头墙上的红底白花，具有中国民族传统文化内涵的灯饰，实木的家具给空间增添了沉稳的感觉，而明亮的床单又不失时机地创造了空间的另类感受。床对面的电视柜子的格子陈列不同的物品，有效地利用了空间。该卧室实际上是遵守了传统的大多数法则，现代元素在这里以一种看不见的方式存在。

【洗浴室】

浴室的现代元素很明显。浴室空间分为两部分，一个是提供洗手的区域，该区域和客厅相通，这样为业主以及客人提供了方便。另一个区域是具有隐秘性的浴室和厕所。中式洗浴室实际上更多地采用了西方的设计，真正意识上的中国传统洗浴区实际上是很模糊的。人们很难界定真正的洗浴区。到了现代才将这些洗浴区划分出来。该案例中，洗浴室保持了黑白的色调对比，视觉上产生稳重和严肃的感觉。浴室内的板砖和周围的色调保持一致，没有采用外面如客厅里的仿古砖，这也是为浴室的特别功能而制定的。

Tian Yuan Xie Hou

田园邂逅

设 计 师：吴钒
设计单位：重庆首佳装饰
项目面积：270m²
主要材料：乳胶漆、石材、沙比利木线条

江与城，听名字就知道是一个江边的住宅小区。这里虽然临近市区，却远离城市的喧嚣，满眼的苍翠，满耳的鸟鸣，几乎就是一个与世隔绝的桃花源。怎样的风格才能与坐落在这里的房子相配呢？生活在这样恬淡的日子里，所住的环境不需奢华，但要雅致。中国式的水墨淡彩似乎是最好的诠释。

虽然选用中式风格，但设计师认为，一个家，并不用完全地复制老旧的文化场景，房子里流露出的那点中式气息应该是主人的生活常态，年代久远的文化对生活来说只是一种精彩的点缀，平常日子还是在熟悉的环境里进行比较好。所以在设计中，设计师以简单实用为基本原则，在此基础上抛开了一切浓重的装饰，巧妙地将中国画留白的传统技法运用其中，所有的造型都统一在白色的名义下，让一切都变得简单起来。

陈设清雅，讲究细节，青睐素色，将传统的元素和现代相结合，显出自然舒适的美，这样的中式，很精彩。

【客厅】

清新、雅致的设计与室外的花园以及不远处的嘉陵江完美地融为一体，使居住在其间的人们能够得到身心的彻底放松。将中式风格融合现代观念加以组合，使中式元素成为一种设计符号，悠然自得地出现在作品中。客厅本身就如同一幅水墨画，从色彩到线条造型都运用水墨画的风格和模式，这也是设计给人感觉最深的地方。从任何一个角度看去，都是一幅不错的画，画面感强是该空间最大的亮点。同时，设计之中对中式元素的把握也极其讲究，中式元素很多，但是设计师并没有随便采用一些符号堆积，而是根据空间的本身特点和周围环境的因素来考量，将中式元素的典雅提炼出来，摆脱沉稳、厚重的特点。

【卧室】

一处好的卧室空间首先应该是舒适的，在这里没有太多的装饰，以致视觉疲劳。从本案可以看出，卧室是极其简单的，床架是中式风格的延伸，传统的床架被现代的材质取代，但是保留了传统的功能和基本外形特征。床单的色彩是墙面的延伸，白色统一造就了空间的和谐视觉。咖啡色的窗帘在白色的基础上深化，视觉上达到平衡。简单精致的装扮，让空间达到了时尚与传统的完美统一。窗外的景致在纱帘的映衬下显得妩媚动人。而周围浅色调的家具以及墙壁色彩都可以给人以轻松愉快的心情。东方风情也可以做到这样的效果，确实需要用心去理解。

Mei Lu Jin Yuan

美庐锦园

设 计 师：段文娟
设计单位：伊派设计室
建筑面积：$122m^2$

中国传统居室非常讲究空间的层次感。这种传统的审美观念在现代中式风格中得到了全新的阐释，从室内空间结构来讲，以木构架形式为主，呈现出主人的成熟稳重，依据住宅使用人数的不同，采用不同的形式。新中式则是在这些基础上融合现代元素，运用了现代的设计手法。

本案设计结合现代和东方传统文化的概念，从基本点入手，首先对代表不同风格的元素进行有效的整理，然后根据不同空间类型，以及业主的个性需求进行筛选，最终确定适合空间的设计。本案运用了点和线，在点和线的基础上完成对空间的丰富，这样最直接的反应就是空间内容的丰富以及厚重。

优秀的新中式是在两种文化之间寻找一个立足点，这两种不同的文化可以人为融合在一起，使其在最终的形态上完成一种创造。

【厨房】

简单的厨房造型，没有太多值得考究的地方，但是对于业主来说，这样的选择是最合理的，受限制于厨房空间的大小，业主不想这里经过繁复的设计之后感觉生活的空间被压缩，因此，简单的设计最适合该空间。通过设计师的减法处理，厨房的功能得到基本满足，除此之外，设计师也通过对窗户的打造，给了空间一个新鲜点，窗台上的绿色盆景，吸收着阳光，生命气息浓烈。

【客厅】

新中式是在中式基础上的一种创造，因此很多还是无法离开中式的手法以及中式的常见材料。客厅里家具的选择基本是依据中式样式选择的，茶几的形状有所改变，这符合业主的个性，通过变化来达到空间的美感，也可以让空间感觉与众不同。业主希望客厅能够承载更多的实用功能，除了可以满足平常的会客之外，还可以满足家庭成员之间的休闲娱乐，而开阔的空间正好可以让业主带着孩子在这里自由嬉戏。

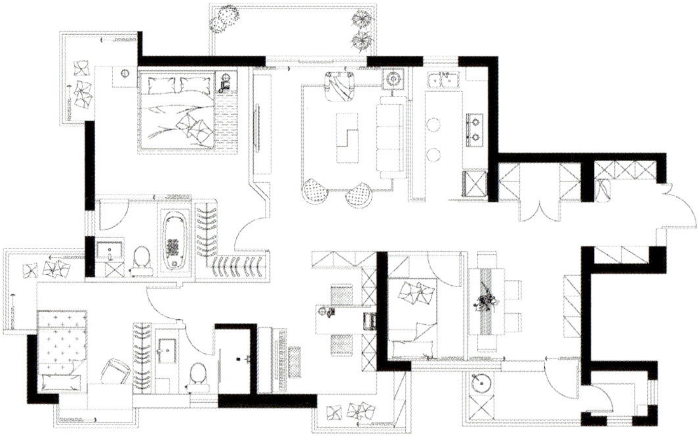

【餐厅】

同样是功能性被加强，在这里，灯光柔和，可以在晚上制造良好的就餐氛围，让人联想到美好的烛光晚餐，这是家庭成员之间的美好时光。对于顶棚吊灯的选择，也是为了弥补天空的空白修饰，两者相辅相成。墙面简单摆上色彩浓艳的镜框画，使得空间的视觉效果得到明显的提升。

【书房】

红色的顶棚吊灯实际上就是运用传统的手法弥补书房空间里部分区域的空白。顶棚没有进行太多的修饰，而精美吊灯的选择则弥补了顶棚的不足，这也是设计师最初考虑的一个方面，以及通过不同的形式弥补另外一种形式的缺失。书房的存在对于业主来说是极为重要的一个空间区域，这里是业主所能够最直接感受到的精神家园和栖息地。通过这个精神家园和栖息地，会使业主感觉生活的品质进一步得到提升。

【卧室】

业主很注重线条的简洁，这也是业主最初所期望的，希望通过设计师的设计让生活变得简单自然一点，但又不失去生活的情调和韵味，设计师也正是基于这样的想法，选择新中式的风格完成设计。红色的床单配合洁白的墙面和干净的顶棚。

Qin Huai Lü Zhou

秦淮绿洲

设 计 师：杨明松
设计单位：杨明松个人工作站
建筑面积：280m²
主要材料：大理石、墙纸、仿大理石砖、水曲柳饰面板

在这个空间里，视线首先会被客厅和餐厅交叉的立体空间所吸引。在形式服从功能上，开始被越来越多的人接受。在没有繁琐的附加装饰的简约空间中，将喧闹留在窗外，静享飘荡于空气中的淡然与安宁，胸怀因无束缚而博大宽宏，思绪在激情涌动时游离于世外。

空间规划不是随意的，它富有层次感和结构美，形式是简约的，散发出的美是具有时尚气息的，也是符合主人本身的文雅气质的。由“少即是多”衍生出的简约主义，看似由平面构成的造型来塑造空间，但空间限制大量色彩的泛滥，控制在黑白灰三色的极致对比中。

在横平竖直流畅的线条中，没有任何多余装饰的补充下，依然优雅而迷人。

空间注重感受，在功能舒适的基础上满足心理需求，功能是为心理需求服务的。线条拉出空间的轮廓，在这轮廓上再进行有意识的润色，使得空间的整体感更加饱满。

【客厅】

方形的客厅，白色干净的沙发围绕着黑色的茶几，深咖啡色的地毯让空间的色彩相互辅助，这种色调又不至于使色彩看上去很刺眼或者不协调。光线在空间中的作用十分明显。顶棚水晶吊灯的光并不是很强烈，但是在白色天花的映衬下，却使得整个空间都感受到它的炫彩。顶棚角落上的辅助灯除了起到照明效果之外，更多的功能是使空间的光线感受得到升华。客厅的美感很大一部分来源于对灯光的考究。

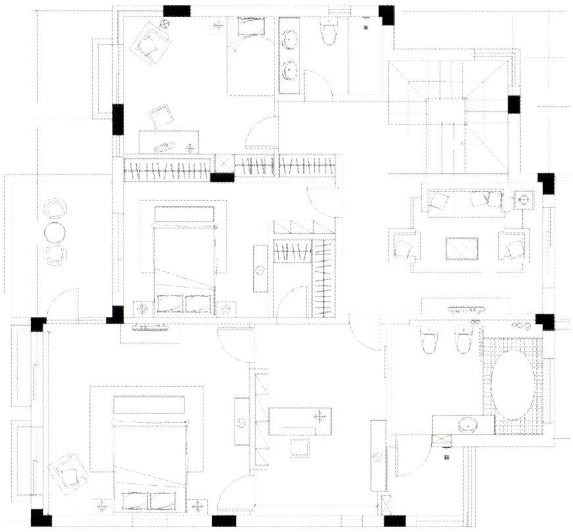

【卧室】

卧室在该空间中有多处，适合家庭不同成员。每处卧室都是根据家庭成员的个性进行设计，在传统家具的基础上，选择现代元素，如白色墙面上的镜框画代表现代元素与地板代表传统元素在这里相得益彰。开阔的视线和有效的光线照明也给空间带来了清晰的氛围。或者水晶吊灯打造的光影效果也让空间的整体气质得到提升，在光的覆盖之下，隐藏着的中式元素散发出别具一格的特色。真实而动人的木质家具也在这样的氛围中散发出生命的色彩。

【浴室】

小方块瓷砖镶嵌的墙面和浴缸带着古旧的色彩，周围的抽水马桶以及洗浴池的白色将空间的现代感体现出来。通风口是深蓝色玻璃，在周围一片白色和灰色的色调中显得很突出。浴室的最大的特色在于墙体上的物品陈放台，既合理利用了空间也对空间本身起到了装饰作用。墙面的不规则感和立体感凸显出来，同时通过对面的玻璃形成开阔的感受。

Chuan Yue Shi Kong De Zhui Sui

穿越时空的追随

设 计 师：李增辉
设计单位：汕头市博雅室内设计有限公司
建筑面积：170m²
主要材料：砂岩砖、实木、玻璃等

跨越时间、地域、文化，展现东方人文精神与国际最新潮流的共通之处。东西方元素在跨时空的对话中找到新的共存方式，人文精神绵延其中。

摒弃一切无所谓的表面装饰，把使用功能融入具有美感的结构中，重构空间纯粹、内在的品质。家居设计已从满足功能上升到表达自我，传递生活方式的新境界。

品质的诉求首先考究的是人的心理的情感因素，好的空间考究的是人的情感，而并非简单的功能，功能本身是为人的情感服务的，当某些华而不实的功能存在时，人的情感也就得不到相应的满足，这样，空间的品质诉求就无法得到满足。

时间，在空间中找到痕迹，地域文化在空间中镶嵌。最后的结果是，我们生存的空间与我们的精神达成一致。

本案将传统与现代相结合，用西方的手法点亮东方的情怀。彼此相互衬托与依存，这也是新中式最完美的方式。

【客厅】

顶棚上围绕主灯设计了多个辅助灯，辅助灯将纯白的顶棚完全照亮，这也直接提升了整个空间的光线效果。光线效果的体现还在于将家具融进空间之中，灰色的沙发以及地毯，黑色台面的茶几以及黄昏光影效果的墙面江山图。色调达到了统一与和谐，空间情调的提升通过细节展现出来，茶几中央的花筒上插着一朵盛开的粉红色莲花，似乎正在散发着清香，或者是暗香浮动在空间之中，让人如痴如醉。细节让空间品质得到证明，也使空间的品质得到进一步的提升。在每个角落里考究的细节成为本案的一大亮点。中式元素的家具和现代家具在空间中相生相存。

【阳台】

绿色植物引入阳台，成为很多人对阳台的期盼，也正是这种中式的庭院情结，让人们对阳台的要求越来越高。传统阳台的概念正在被颠覆，设计师颠覆传统的同时也在创造着新式阳台。本案从设计手法上看，干净自然，没有拖拖拉拉的累赘。设计师在考虑阳台设计的同时也在考虑空间彼此之间的联系。如在阳台的隔壁是一处书房，这实际上提升了阳台自身的功能，这种功能的加强，也自然让业主更加容易感觉到阳台带来的情致和韵味。阳台中摆放的实木桌子是典型中式元素的代表，绿色的植物以及阳台顶棚上如同园月悬挂的灯让整个空间有一种身在中秋之夜的错觉。开阔的视野，城市的景致一览无遗。

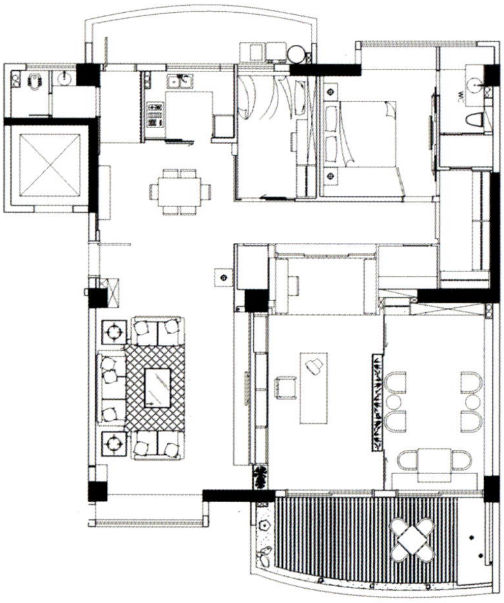

【书房】

书房的设计是新中式的一大亮点，精神产品在物质之上建构，达到平衡，两者之间在空间之中共生，这种精神品质的追求也让空间的内涵得到提升。作为一处精神原野，书房需要在满足基本功能之外提供更多附加功能。书房对空间环境本身的要求也比较高，本案空间大气，更重要的是与阳台等相连，使得空间的外延扩大。方形构造的书房空间以及家具都是对中式元素的加强，中式元素的书房配合现代元素，让书房空间的韵致体现出来。

【儿童房】

儿童房的设计在个性层面上应该得到充分的体现，儿童的世界就是一个用个性元素构成的世界，或者华丽或者朴实，儿童房的风格多种多样，对于不同年龄段的儿童，对于不同格调的父母，这些都会影响儿童房最后的风格样式。明快活泼的风格是儿童房中一种较为主流的风格。儿童房间属于儿童发挥自由个性的空间。儿童房间能够在一定程度上影响儿童的身心发展，自由开阔的有个性的设计将会培养孩子自由个性的特质。在追求这些风格的同时，依旧不会忽略空间原有的舒适感。追根到底，所有的风格也都是围绕着不同儿童的舒适感来确定的。

Shan Shui Zhong De Jia Yuan

山水中的家园

设 计 师：谢芳勇
设计单位：萧氏设计
建筑面积：108 m²
主要材料：实木地板、乳胶漆

这是套以绿色为主题的设计，硬性装饰上的简单节约了造型设计的造价，而通过软装饰表现并且可以做四季的更换造就了一个可以变化的空间，这个方案面积108m²，两室两厅，空间不大，但视觉效果一点也不局促。

将中国水墨画元素引入空间设计之中，绿色气息浓郁，空间生命气息鲜明，在视觉上，给人以舒适明快的感受，更重要的是空间的自然气息得到了加强。在现代元素的配合下，中式元素往往能够得到足够的凸显，这种夸大的东方风格在现代设计手法中显得很具力量。

生活品质潜藏在空间内部，空间的线条辅助了色彩，色彩在线条上涂抹，如同中国画的画法和过程，在线条上加强真实的感受，最终达到美的体现。

空间区域之间运用色彩元素相互关联，使整体空间完美地统一在一种格调上，但是这种统一的格调又不会使空间显得单一，设计师很好地运用了现代元素，正是现代元素将不同功能空间的个性体现出来。

【厨房】

厨房的现代元素特别明显。在空间的其他区域，中式元素占有极大的份额，而对于厨房来说，现代风格更加适合，这与现代生活节奏相关。业主希望厨房是一处干净且舒适的空间，做饭的过程也可以从空间中得到情感体验。整体的厨具选择了现代风格，空间视觉效果，基于对厨房功能的理解以及对业主的深入了解。设计师在这里选择白色作为基本的格调，白色的色彩基调自然为给厨房带来了理想的气息，干净、舒适。

【客厅】

客厅里浓郁的水墨情调浓烈，体现了传统东方空间的庄重和严肃。但是，在这种空间固有的情绪之上，设计师考虑到了现代人的心理需求，并没有完全让空间在这种稳重、严肃的情调中存在。现代风格的家具中和了视觉效果，桌子上堆砌的休闲时尚杂志，让人感觉到丝丝休闲气息。美轮美奂的顶棚辅助灯丰富了空间一些物品的视觉效果。白净的电视墙和后面水墨画装饰的墙壁相映成趣，效果很明显。绿色的植物景观在角落里，随意而自然。

【餐厅】

对于现代人来说，餐厅不仅是一处吃饭的空间，在现代理念中被融入了更多的功能。一顿丰盛的晚餐，犒劳一天的辛苦，和家人坐在一起，相互之间交流感受，共享美好时刻。这就是生活的品质。业主深谙这一点，因而通过设计师，将餐厅打造成一处环境典雅的进餐空间。空间中有实木的地板、餐桌，桌子上摆放的绿色盆景独具风格，座椅也不含糊，选择了舒适的中式实木座椅，配上白色的抱枕，使进餐变得如此美好。

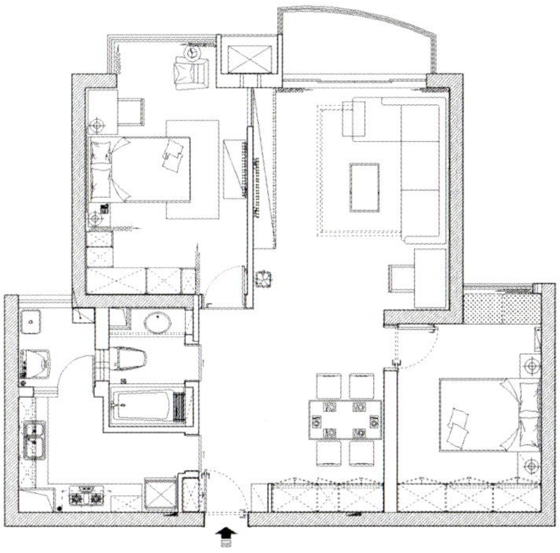

She Ji Shi Zhi Jia

设计师之家

设 计 师：彭征
设计单位：广州共生形态设计组
项目面积：120m²
主要材料：米黄石、玻璃、墙纸

新中式风格不是对中国传统家居文化的简单临摹，也不是传统文化元素的简单叠加，而是继承了历代家居理念的精华，将其中的经典设计元素提炼出来并加以丰富，以现代人的审美需求打造富有传统韵味的空间，但又不失现代生活的简洁和个性化特征，表达现代人对醇和雅致生活的向往。

设计师对空间的追求始终建立在“人”的基础上，对“人”的追求也是对美的追求。空间的美集中体现在多个方面，首先是实用性。良好的实用性功能空间首先体现在对人性的关怀，华而不实的空间只能是陈设，空间应该为人服务。第二是对空间美感的追求，这种美感体现在色彩、线条光线等外在形式上，这可以通过我们的视觉来欣赏，而且不同人对美的看法是不一样的，所以需要设计师充分了解业主。

【客厅】

当白色的沙发遇到水墨的壁画，艺术与现代产生了火花，纯白的世界里有着无与伦比的美。美于自然中产生，则在人的世界里得到最大的体现。美是人类世界的专属。沿袭白色沙发的是白色的地毯，整个空间都沉浸在一种纯白的干净亮丽的色调之中。实木的柜子在沙发前扮演茶几的作用，而这个简单的柜子则具有多种不同的功能。电视墙采用了灰色调，灰色调与白色调很好地融合在一起，这也是中式元素的代表色调。

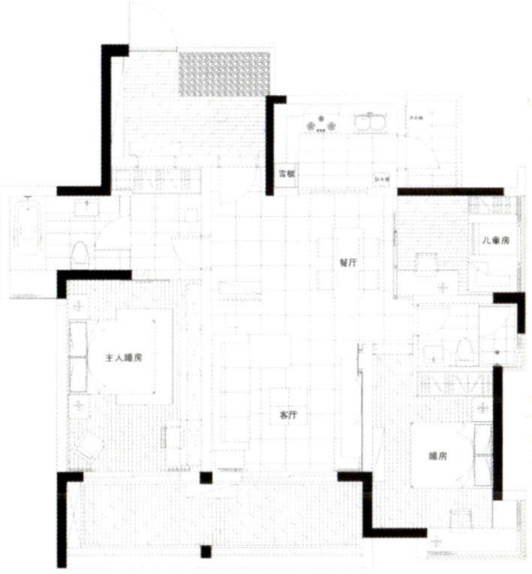

【卧房】

所看到的色调集中在白色和茶色上，以及褐色地板。家具的选择为空间节省了大量的空间，多功能的柜子可以根据个人的选择存放不同的物品。洁白的墙面也根据业主的需求悬挂风格独特的画，成为洁白墙面的点缀。空间的形状规整，没有太多需要改动的地方，而在此基础上的改变也仅仅是将原有的元素进行整合，甚至是进行了减法的处理。本案的线条简单、明朗，没有太多复杂的线条交错。

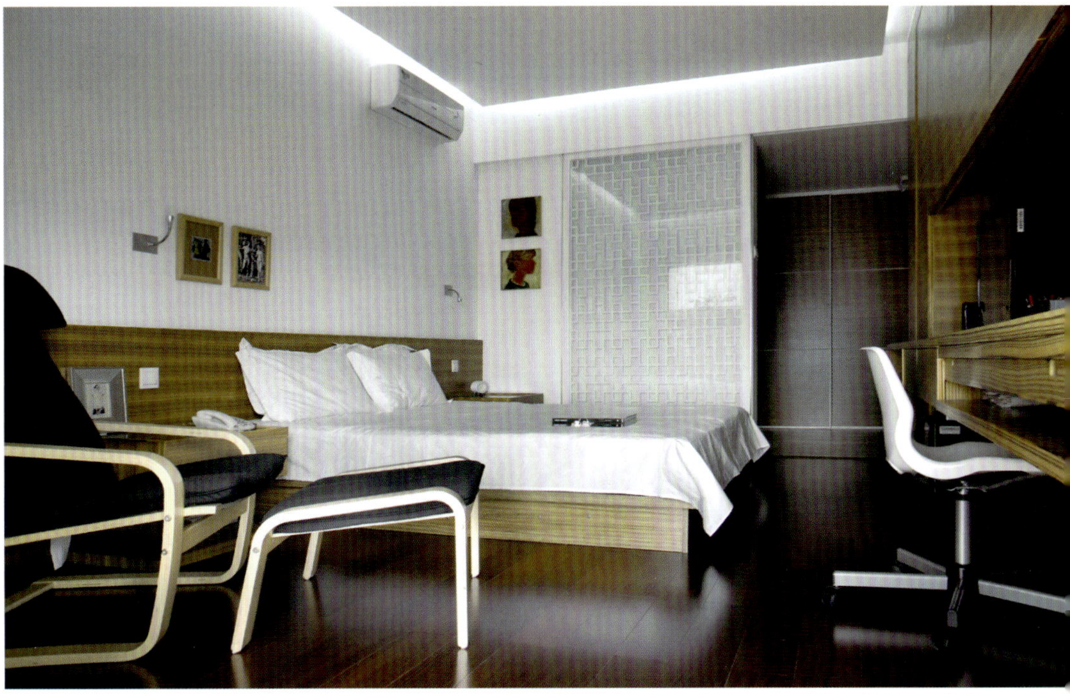

Ya Zhi Sui Xiang Qu

雅致随想曲

设 计 师 ：曾涛
设计单位：贵州峰上室内外设计工程有限公司
建筑面积：140m²
主要材料：爵士白石材、木纹地砖、马赛克、水曲柳饰面板、灰镜、墙纸

家居的层次之美——直线装饰出新意。

本案无论是空间分割还是家具造型，线条简洁、轮廓明晰，迎合了传统审美观点对内敛、质朴、大气的要求，简洁而不简单的设计风格，从立意到写意，由特殊到一般，再由一般升华到更高的特殊。人物和谐，知行合一。

一步一景，处处留情——细节提升品位。

在细部装饰方面，其风格非常的讲究。即使在面积相对较小的饮茶区域，都可以达到“一步一景”的装饰效果：席地蒲垫、满墙饰品、精细茶具；在窗下惬意休憩的沙发区：曼妙的窗纱、精致的花灯、艳丽的靠枕，——被设计师用来做局部的装饰，用以展现中国传统艺术的永恒美感。

万绿丛中一点红——扮美空间饰品多。

花球、布艺、陶艺、写意软饰，以及不同样式的灯具，多种风格。大胆使用金属马赛克的电视墙，凸显客厅的华贵气质，而恰当使用的国画风格的墙纸，使客厅的张扬气质得到些许收敛；缎面质感的窗帘和床饰使简洁、硬朗的居室有了些许柔情；餐厅的中式水晶，既具中国风格又有国际情调，在空间中起到画龙点睛的作用。

【客厅】

客厅的色调趋于一致。带有春意气息的背景墙以及图案独特的顶棚，层次感很鲜明，在不同的区域也可以感受到这种层次感所营造出来的美感，在视觉上首先得到了享受。而对于空间来说最重要的是实用。客厅对使用的功能要求不高但却很多。客厅的功能有很多，在每一点上，空间都基本得到满足的时候，空间良好的感受也就出来了，这是设计师所追求的也是业主所追求的。本案的功能集休闲娱乐与休息于一体，客厅放置的沙发给家人提供了良好的休息之地，宽屏电视给家庭成员娱乐创造了条件，而茶几除了摆放简单物品之外，也可以给业主带来多种用途。

【餐厅】

长方形的餐桌上摆放的装饰花，以及水晶质感的吊灯，餐厅与其他公共区域相通，为家庭成员之间的进餐提供了方便。餐厅的色彩明暗结合，局部和整体也充分融合,顶棚辅助灯从不同角度提供光源，让空间显得更加璀璨夺目。就餐区的情调正是基于对光线和色彩的处理才达到的新的层次，而功能的作用也在这些周围因素的影响下变得更加完善和富有个性。

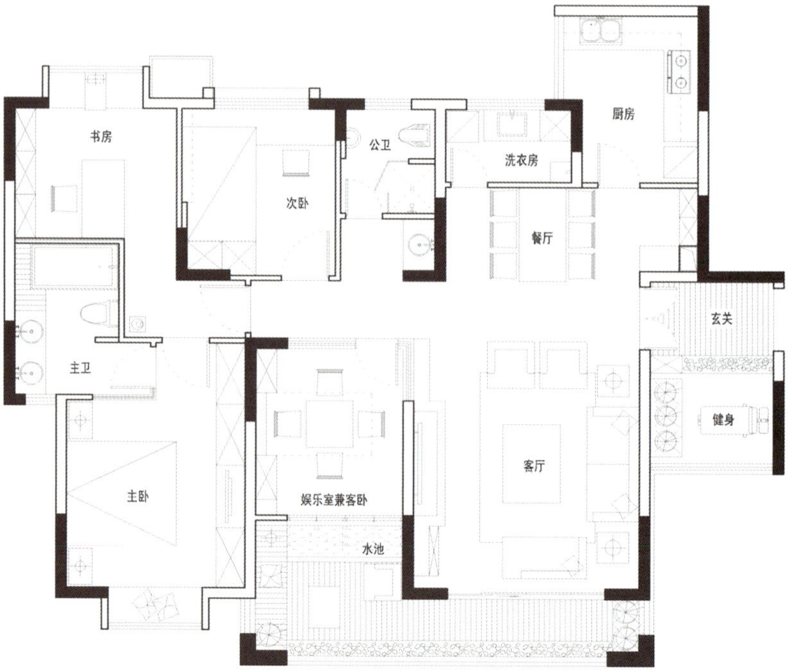

书房
次卧
公卫
洗衣房
厨房
餐厅
玄关
主卫
娱乐室兼客卧
客厅
健身
主卧
水池

【卧房】

庄重的黑色属于中国传统文化中的重要颜色。房间门窗和家具的选择上，选用这样的颜色可以让整个空间被节制起来，这符合业主的个性习惯。这样看上去更加的成熟稳重。除此之外，周围的墙壁以及床垫的选择，又使得这种庄重中见特色。在这里，空间的层次感明晰，各种元素之间也讲究层次互补与融合。完美的空间体验从不同的方面体现出来，最终呈现在视觉中的是一个整体，而在设计之初，整体是由一个个元素组合而成的。

Bai Se Meng Huan Tian Tang

白色梦幻天堂

设 计 师：许健
设计单位：汕头市典凡设计有限公司
建筑面积：205m²
主要材料：红橡饰板、法国木纹石板、黑玻璃、喷花玻璃、墙纸、乳胶漆

儒雅的中式情调，为生活增添了一丝淡雅的怀旧感，一种从容的古典浪漫，一点说不清、道不明的优雅味道……憧憬着那份宁神静心。

然而，在本案中，设计师却以纯白色系颠覆了我们对中式的古朴印象。整个居室里，没有惯用的原木气息，映入眼帘的，是白色的明清家具，白色的通花窗棂做成的隔屏，加上字符、画作，青花瓷的装饰，使得整个室内呈现出高度的协调性，同时，也脱掉了中式厚重的外衣，展现出一种轻盈的美。

另外，设计师以黑色和红色的注入，打破了白色的纯净，简洁有力地烘托出时尚氛围，客厅的黑色沙发与红色地毯，餐厅的黑色椅和红色吊灯，高低错落，交相辉映。经过改良的中式，在时尚元素的画龙点睛中，绽放出优雅的情怀。

【客厅】

简洁的线条，勾勒出开阔明亮的客厅空间，客厅的重要性在这里得到体现，桌椅构成的区域和沙发构成的区域，彼此体现着各自的功能。客厅环境对于生活品质来说很重要，业主若是忽视生活品质，那么客厅环境便无法真正意义上将其功能进行升华。通过本案对客厅的分析，可以清楚地观察到它所呈现的是简约现代主义的特点，这不是在风格上，而在取材上，更多的中式元素在这里得到了运用。如墙上的字画，中式结构的椅子，以及桌子上的花瓶灯。

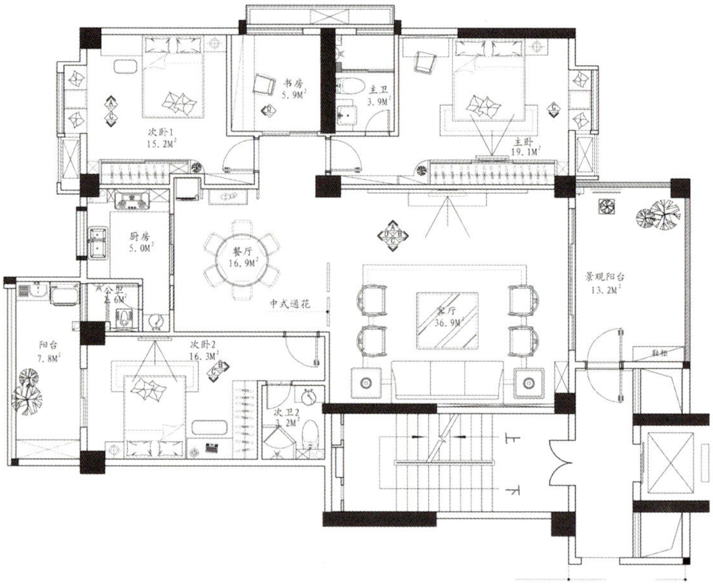

【厨房】

白色的瓷砖光洁明亮，茶色的橱柜实木打造，宽大的窗户引入充分的光线。厨房的区域在视觉上显得干净而明媚。对于厨房的选择，人们最注重的就是厨房的通风效果，只有通风效果佳的厨房才能在此获得不错的空间体验，不然，面对封闭的或者通风效果不佳的空间，做饭便成了一种内心的煎熬。对本案而言，在这里为家人做一顿丰盛美味的晚餐也是一种美妙的空间体验。

【卧房】

卧房风格完全依照家庭成员的个性而设计。色彩清晰的大花床单以及灰色的床头背景墙，体现了一种典雅的氛围。另一处紫色纹理的床单和茶色的背景墙体现的是内敛的个性特质，而黑白纹理床单以及灰色背景墙的卧房体现的是沉稳的个性特质。不同个性的卧房为不同的人打造。整体上，卧房的设计采用的是简洁的线条和尽量少的元素。卧房也在此基础上显得干净、自然。

【洗浴室】

洗手池是典型的中国传统元素，采用了青花瓷的样式制作的池子，富有典雅特质，坐便器和洗浴间用白色材料打造而成，呈现出干净、简洁的线条特质。在此基础上，我们可以看到功能的便捷性。洗浴室一直以来都会要求在满足基本功能的同时满足人们的视觉享受功能，这与人们平常的生活习性相关，只有当这里真正体现出一种审美情调来，才谈得上生活品质。

Zheng Xiang Xiang Bin Feng Fan

正祥香槟风范

设 计 师：杨竑杰
设计单位：福州佐泽装饰工程有限公司
建筑面积：180m²
主要材料：金银箔、定制软包、圣象壁纸，星艺美固门，金刚鹦鹉地板

本案风格定位为新东方，因为女主人喜欢一些传统的中式元素，但又要求使用具有一定的舒适性，故设计师还是选择了新东方的现代简中风格，局部运用中式花格、写意墙绘、青花瓷瓶碟等传统元素，与玻璃、镜面等现代的东西相碰撞，着意表现现代人对中国古典文化的眷念，表达主人对追求中国文化韵味的精神享受。家本就为居者而设计，舒适实用才是根本。

在设计上，本案着重对中式元素进行了深层次的刻画。洁白的墙面盛开着许多的花朵。灯光落在顶棚上也如同盛开的花朵的花瓣四处散开。墙面根据空间区域分开设计，部分区域采用带有复古色彩的瓷砖，配以古旧的家具，空间韵味自然地体现着。在色彩上，设计师把握住了中式和现代两种风格，力求将这两种风格进行重新组装，首先在视觉上完成了这种重构。

【书房】

书房是一处优雅、充满水墨清香的地方，古代的文人墨客无不看重这里的感受，且相对于别处空间来说要求更高。书房，一处精神气息之地，设计师在传统设计的基础上满足业主对书房的基本功能，继而在此基础上完善一些粗线条，使空间的整体感受显得更加饱满和圆润。在这里，设计师加入了一些园林的构想，试图将书房打造成一个有着园林画面感的空间，同时也注重分解部分过于失衡的局部。

【客厅】

规则的客厅空间，给设计提供了有利的客观条件。设计运用中式传统的手法将客厅进行精心的布局，在此基础上引入现代的理念，家具统一制式，色彩和形状都是经过严格筛选的。 既满足了客厅的基本功能需求，又给空间提供了足够的活动空间。空间的舒展感体现出来。客厅中间的桌子具备多种功能，方便亲人好友间喝茶聊天。细节的处理是客厅中的一个点睛之处。在绿色植物以及台灯等隐约不太显眼的墙面上，抽象的字体和画使空间的视觉冲击更加有力量。

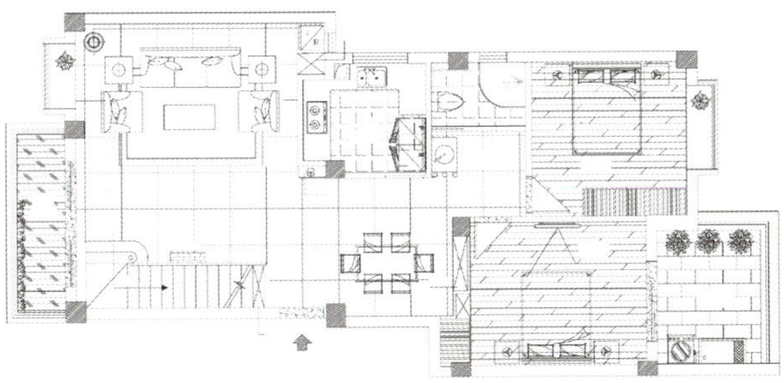

【餐厅】

餐厅的雅致首先在视觉上体现出来，墙面上的木质镜框装饰，以及简单的图案绘制大大提升了餐厅的魅力。简单的餐桌，简单的陈设，业主希望餐厅是一处可以让就餐显得简单而自然的地方，不会有过多的视觉干扰。同时，餐厅旁边配备了洗手池，这也方便了就餐。从餐厅和洗手池可以看出，业主对于绿色生命自然的植物拥有独特的喜好。正是这些细节的点缀，成为空间的一大亮点。

【卧房】

卧房简单精致，追求细节的完美和对整体的把握，决定了空间的整体效果。采用的壁纸将传统的韵味体现出来，简单的实木地板配合着传统的气息，共同营造出空间的和谐氛围。卧房功能在这里得到加强，这种加强实际是在削减其他繁杂功能的基础上实现的，单纯的卧房是提供业主良好睡眠和休息的空间，而其他繁杂的空间功能则会在一定程度上削弱原有的功能，因而削减是必要的，这也是设计的减法原则。在这里，一切围绕功能为中心，简单、自然、清晰、明朗，是该空间的特色。

Yi Hua Yi Shi Jie

一花一世界

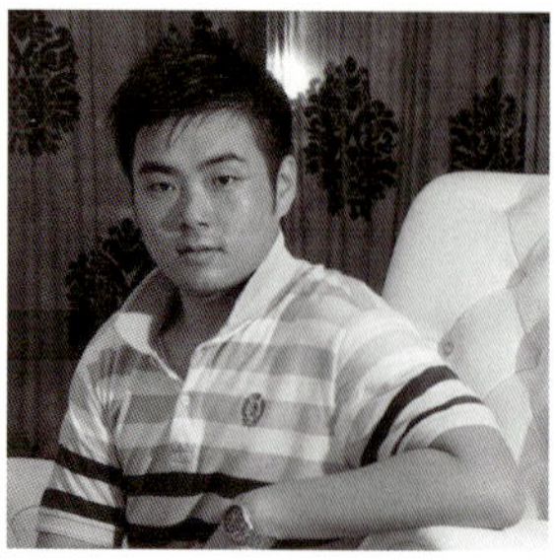

设 计 师：张欢
设计单位：张欢室内建筑
建筑面积：220m²
主要材料：皇冠墙纸、富得利地板、箭牌洁具、碧莎、皇家一统楼梯

改善、完美房屋结构是这套房屋的第一步，也是结合了实用与美观最大化的体现。因地域位置远离闹市，这样更应该体现一种家的感情与氛围。移步一景，再移步再一景，是最特别之处，门厅、餐厅，一步步走来，除了能让亲朋感受视觉的盛宴，余后更能品出这套作品的文化气息，还能感受到这套房子主人的文化底蕴。

家中养荷，不再是奢望。餐厅边的人造水池，有荷花的绽放也有鱼儿的嬉戏，一副生气勃勃的景观。前露（台）后（庭）院的自然景观，经过两人的细心雕琢，坡地、果岭、植被、纳凉，应有尽有。自然与人造，室外与室内，相得益彰，互相呼应，恰到好处。

家——山顾盼有情，水曲折有致。

【客厅】

高大的绿色植物在空间中不仅仅是一种装饰，更是一种生活的情调。有它，空间情趣十足，无它，则呆板乏味，这就是细节处理的重要性。整体上的色彩需要运用这种鲜明的绿色来搭配，绿色的植物意喻有力的生命感。另外，光线在这里也很好地进行了处理，灯光不是直接打在墙上，而是通过墙面来散射，以便降低光线对活动区域的直接照射，这让空间的光线显得更加的柔和与温暖，并且整体显得更加的明亮。顶棚的线条设计迎合了灯光的效果，并且与地板的设计形成两种风格对比，加强了视觉冲击的力度。

【阳台】

在阳台上可俯瞰外面开阔的景致。通过阳台，可以看到外面如同园林一般的建筑形态。视线开阔，且自然韵味浓郁。周围种植的树木围绕着建筑，仿佛身处一片园林之中。阳台不大，呈长方形。皮质沙发面向落地玻璃窗，光线效果极佳，旁边放置的茶几，正好与沙发配合，在冬日暖阳初升之时，泡一杯茶，捧一本书，坐在沙发上，不失为一种生活情趣。空间的情趣感是在原有功能的基础上发挥自己的个性需求进行的。这种个性需求最后呈现出来的就是我们看到的完美设计，也许这并不是什么高超的设计手法，只因为是设计师深谙业主的心理。

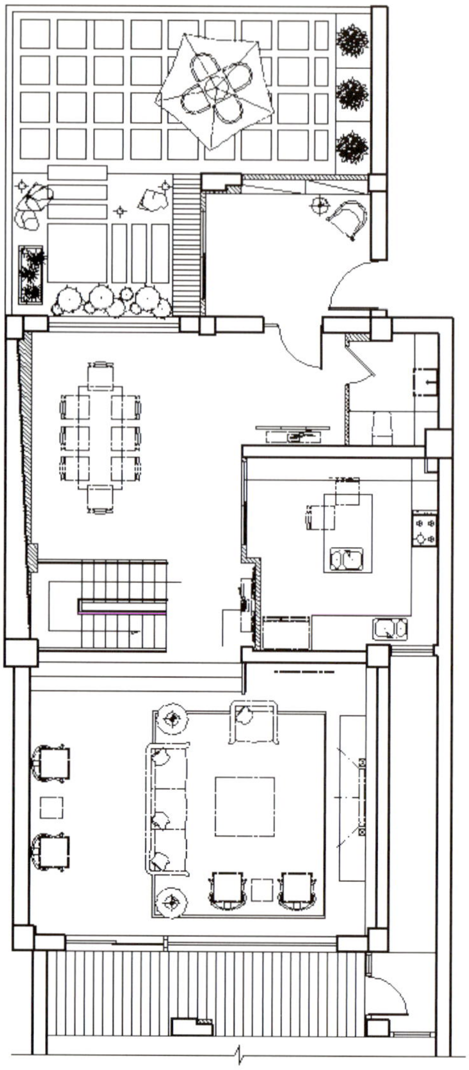

【主卧】

卧房的外形明显运用了中国传统样式设计，这种设计更好地配合了周围的陈设以及整体的色调。白色的床具以及帘子在周围暖红的色调中清新活泼。灯光经过处理，通过媒介进行照明，让床的形象更加突出，也让床的质感更加鲜明。业主对卧房的要求很简单，没有过多的要求，希望通过设计实现卧房温暖和静谧的氛围。设计师首先在中国传统元素中进行选择和整合，现代元素在这里起到点缀的作用。通过强化中式元素但是又不避讳现代元素的手法，使空间基本符合了业主的要求。

【浴室】

浴室的整体色调是暗的红色。从地板砖到家具，都是以此为基调，唯一的例外就是浴缸等物品是洁白的，这符合大多数人的审美观点。浴室整体实际是两个部分。通过两级台阶划分开来，台阶上的洗浴区通过碎方格子小瓷砖铺设，色调区域区别于周围的暗红色。墙面上的镜框画对整个墙面起到了很好的装饰作用，视觉效果很好。另外一个区域是满足基本日常洗刷的区域。这里选择的家具也提升了空间的整体效果，家具的样式独特，可以满足多种物品的摆放，而不用因为找不到地方存放随意堆放，大大提升了空间的美感。

Sui Xin You Yi

随心有意

设 计 师：谢智明
设计单位：佛山大木-明威建筑设计有限公司
明威建筑设计工程（香港）有限公司
建筑面积：500m²
主要材料：墙纸、地砖，玻璃马赛克

在现代城市家居设计里，充分体现业主意见，以家居生活为核心，必然考虑两个重要因素。第一，环境空间，生活在其中的人与空间尺度把握合理。第二，人文元素，使业主的爱好与个性融入其中。一家四口，首层从功能酒吧、茶区、影视、就餐，都合理安排相互融合，体现夫妇的生活爱好。同时，一副西班牙图腾马赛克拼图实现业主的艺术喜好。二层夫妇、子女的格局个性风格的房间加上简洁的起居室，构成一个温馨的生活区，这就是热爱家居生活。

空间在格局上首先进行了有效的明确，上下两层也对空间进行了不同的划分。空间格调稳重中带着随性，现代风格明显，中式元素的运用得体，两者互相衬托。

良好的空间感受很重要，环境空间对人与空间尺度把握的合理程度决定了空间设计的成败。人文元素的把握决定了空间品质提升的好坏。

【影视区】

家庭成员间的共同娱乐在现代社会越来越重要。成员之间的沟通可以让家庭更加和睦，且沟通的方式有很多。在家里一起看一部电影或许是一种不错的方式，随着近年来不断加快的生活节奏逐渐被人们所重视。本案没有在空间中掺杂过多的元素，而是沿袭电影院的一些手法，在面前仅有宽屏电视和一张摆放简单物品的桌子。沙发和地板的颜色形成对比，门的颜色又区别于其他区域的颜色。值得一提的是，宽大的沙发有着不错的舒适感受。

【餐厅】

餐桌呈现出来的圆形线条在四方的餐厅空间中别致而典雅，线条间的相互作用使空间的张力得到加强，灰白的墙面、灰色的地板、纯白的墙面和天花，所有的色调营造的是一个沉稳庄严的空间。空间本身的格局也是沉稳的，但沉稳中又不失个性展示，餐厅一旁墙面的椭圆形窗口，方便了两个区域间的联系。在椭圆形窗口处，白色的花盛开着，在周围的暗色调中绽放出一种不同寻常的美感。空间的美感在设计师精心的雕琢下显而易见。

【书房】

书房在这里更像是一个地下艺术品陈列室。除了可以看到基本的图书之外，一些精美的艺术品也成为空间一道亮丽风景。墙壁上甚至存放着葡萄酒。这样的生活情趣是一种享受，同时也是对空间的有效利用和对空间功能的再创造。摆脱传统观念的束缚，在原有的空间基础上发挥新的作用，使原有的功能得到延伸。这种空间体验来源于对空间的充分了解以及对生活的独特理解。而本案业主做到了这些，追求丰富精神生活同时也是在创造新的空间体验。

【卧房】

辅助灯光通过不同色彩的墙面反映出不同的光影效果，一种紫色和一种蓝色，两者同时出现在卧室中的时候，清晰明亮的风格很显然就得到了提升。而空间本身并不需要太多的光线，这也是业主所钟情的卧室风格。皮质的床垫配合着地板的厚实感，精致的轮廓在精致的光线下，特别是外形独特的床垫，更是让空间的舒适感受进一步得到提升。这里的中式元素不是很明显，从外观上看，更多地采用了现代元素，但设计师是通过色彩来突显出中式东方元素的，同时，细节上也做到了两者的融合。

【儿童房】

在色调上，儿童房的色调要统一些，颜色搭配要合理，不合理的色彩搭配会对孩子的心理产生一定的影响。因此，在设计配色方案时，要根据儿童自己的喜好，画册也应当有一定的取舍，以保证色调的最好效果。在图案上，儿童房的图案一般以卡通为主，由于不同的儿童对卡通图案的喜好不同，大多是根据要求来绘制。但也有些孩子并没有特别喜欢的图案。因此图案应当多元化，给孩子一定的想象空间，对儿童想象力和智力的发展也有一定的好处。

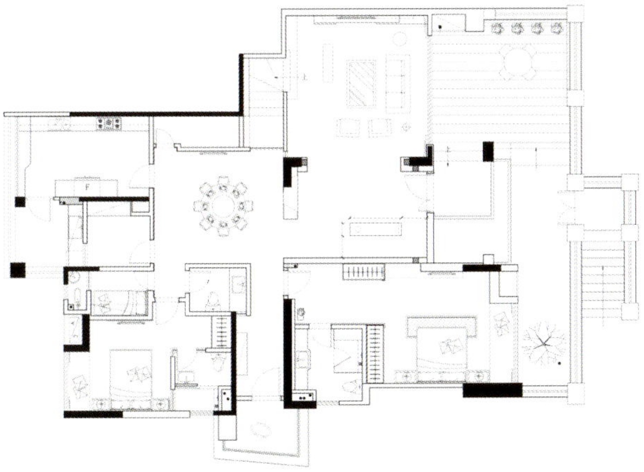

Fei Cui Lü Zhou

翡翠绿洲

设 计 师：史鸿伟
设计单位：广州共生形态设计组
项目面积：150m²
主要材料：米黄石、玻璃、墙纸

独坐幽篁里，弹琴复长啸。

深林人不知，明月来相照。

一处干净、阳光明媚的空间，对于处在快节奏生活里的人来说，是一种精神需求。该案例满足了业主的生活需求，也满足了其作为精神栖息地的需求。

这是一套位于郊区的度假型洋房，主人只是偶尔入住，作为他放松心情、陶冶情操的精神家园。设计基本把室内的空间全部重新分隔，包括与餐厅连通的客厅，配备洗手台和衣柜的走廊，包含书房的主人房和一间客房。无论是空间的处理还是装饰的细节，设计都倾向于在中式风格中寻求新的突破与尝试，我们甚至可以感受到苏州园林的一些手法。

本案的设计采用了中式的和现代相融合的手法，在中式基调上融进现代的元素，新中式风格便凸显出来，这也适合现代快节奏生活的人们。

【客厅】

客厅为我们呈现出浓郁的中国风格，墙上挂着的水墨画将空间的水墨情怀提升了起来。同时，这也暗合了空间本身的特点，对于以灰色、白色和黑色为基调的空间，水墨画的装饰可以使空间很好地得到升华。一方面，水墨画本身的色彩与黑色、白色、灰色的基调相匹配；另一方面，对于新中式风格的空间，水墨画的装饰会起到点睛之笔的作用，同时也让空间的个性更加鲜明。白色的沙发，黑色的茶几，灰白的窗帘，中式的元素在这里得到了最大体现。

【洗浴室】

洗浴区在这里是由两部分组合而成，一个是纯粹的浴室，一个是提供洗手的洗手台。浴室绝对是一个私密的空间，现代的坐便器以及喷头，配合了中国传统的色彩，暗色调搭配明亮的现代色调，都足以让浴室的视觉效果体现出来。柔和的光线也能够营造浴室独特的情调。大理石的洗浴台配合金属感的浴盆，打造出光洁十净的视觉效果。镜子桌边墙壁上的花纹，给黑、白、灰色调带来不一样的视觉冲击，沉稳与内敛中带着个性。

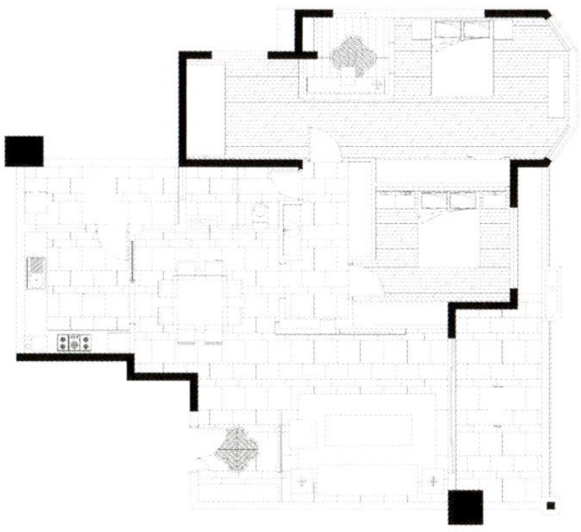

Bie Yang Zhong Shi Qing

别样中式情

设 计 师：李仕鸿、杨培伟
设计单位：汕头市一帜环境艺术设计有限公司
建筑面积：228m²
主要材料：柚木板、墙纸、浅金碧辉煌米黄、抛光砖

该样品房以中式风格为基调，配合现代的设计元素，借助设计师娴熟的设计手法赋予其另一种中式意境，脱去以往中式厚重的浓郁，诠释出中式的另一番清新淡雅。

客厅——电视背景墙为经过特殊处理的米色天然石材，凹凸不平的纹理结合黑镜的光滑透亮产生独特的美感，客厅的鞋柜加雕花隔断使得客厅与餐厅之间得到最大化的延伸，实用且有美感。

餐厅——原布局大门直对着的通道稍显狭长，故在此设计了一木隔断，由曲面木质线条如编织般穿插而成的隔断立体效果强烈，给空间带来一种韵味，餐厅与厨房、书房隔断的别致推拉门木把手，以及经过提炼的中式设计元素，连同餐桌椅、灯饰的摆布，都能让我们感受到中式的儒雅氛围。

主卧——利用主卧与客厅之间墙体的相互凹入，赋予了主卧另一功能区——衣帽间，主卫巧用墙体与清玻这两种虚实隔断并加上珠帘饰品点缀，主卧床背景墙只用了咖啡色软包辅以喷砂黑色玻璃点缀，不落俗套。

游走于此，会感觉到好的设计总是能把握住整体感，关于造型、材质、饰品、灯光等等，这也是这套样品房的魅力所在。

【客厅】

客厅在人们的日常生活中使用的是最为频繁的，它的功能集聚放松、游戏、娱乐、进餐与一体。作为整间屋子的中心，客厅值得人们投以更多关注。因此，客厅往往被主人列为重中之重，精心设计、精选材料，以充分体现主人的品位和意境。由于新中式装饰风格的客厅以朱红、绛红、咖啡等为主色调，所以新中式客厅显得尤为庄重。新中式客厅的装修还有一个最大的特色，就是特别耐看，百看不厌。新中式风格客厅通过对传统文化的认识，将现代元素和传统元素结合在一起，以现代人的审美需求打造富有传统韵味的事物，让传统艺术在当今社会得到合适的体现，使传统家具在现代客厅中的用途更具多样化。

【就餐区】

圆形的实木桌子，是新中式的典型材质。新中式的特点在这里得到了很好的印证。这也使得空间本身的功能得到了合理的加强。传统家具在新空间中寻找新的定位，无论如何，餐厅里的线条感很重要，对于一个就餐区，人们希望在这里可以获得更好的心灵体验及满足感。中式外形的顶棚灯，投射着柔和精美的光线，光线将空间很好地进行了处理，让空间有了更多的个性选择。除此之外，这里作为就餐区的一个重要便利条件是和客厅紧邻，这方便了家人的就餐。

【卧房】

这里的卧房设计根据不同人的个性进行，儿童房和大人房就不一样。整体上，儿童房围绕一些儿童的心理特征进行，比如简单自然、童话浪漫、缤纷多彩。这些可以有效和他们的心理需求相结合。而对于成人房，设计师需要做的就是尽量让卧房显得安静且自然舒适，舒适的卧房才是最佳的卧房。卧房的个性选择很重要，因为睡眠质量或者心情的好坏和周围的环境有着直接或者间接的关系。可以看到这里的卧房都在进行着个性释放。

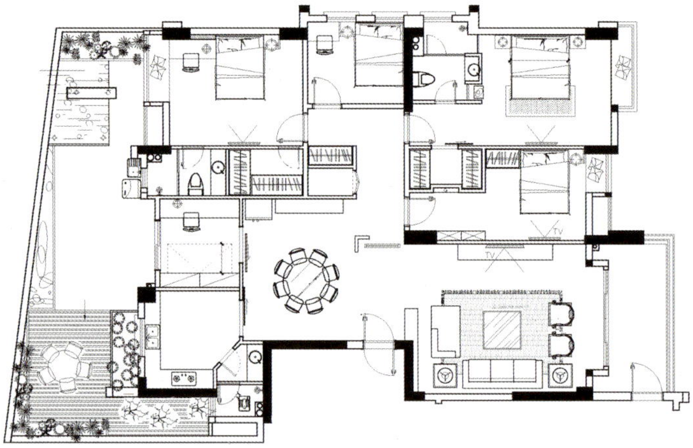

【卫浴间】

一般而言，业主都希望这里首先看起来要干净而明媚，所以人们青睐于灰白的简单设计，因为这样简单设计的手法可以让浴室空间显得更加的真实、自然。同时，人们也无法忽视卫浴间的舒适性，首先视觉上的舒适是基础，其次，卫浴间的舒适性很大一部分来源自于对功能的把握，洗浴室要尽量符合人们的生活习惯才是最重要的。本案卫浴间手法简单，但是功能基本满足了业主的日常生活的基本需求。